Erich Hugo Ebstein

Hippokrates

Grundsätze seiner Schriftensammlung

Verlag
der
Wissenschaften

Erich Hugo Ebstein

Hippokrates

Grundsätze seiner Schriftensammlung

ISBN/EAN: 9783957007216

Auflage: 1

Erscheinungsjahr: 2016

Erscheinungsort: Norderstedt, Deutschland

Hergestellt in Europa, USA, Kanada, Australien, Japan
Verlag der Wissenschaften in Hansebooks GmbH, Norderstedt

Cover: Sandro Botticelli "Die Geburt der Venus"

Verlag
der
Wissenschaften

HIPPOKRATES

GRUNDSÄTZE SEINER
SCHRIFTENSAMMLUNG

AUSGEWÄHLT UND EINGELEITET

VON

ERICH EBSTEIN

IM INSEL-VERLAG ZU LEIPZIG

ἢν γὰρ παρῇ φιλανθρωπίη, πάρεστι καὶ φιλοτεχνίη.
Hippokrates.
Denn wo Liebe zum Menschen vorhanden ist,
da ist auch Liebe zur Kunst vorhanden.

Nebulones, qui Hippocratem non legunt
Baglivi, 1667—1707.
Taugenichtse sind es, die den Hippokrates nicht lesen.

EINLEITUNG.

WENN wir schlechtweg von des Hippokrates Schriften reden, die z. B. Littré in einer zweibändigen (Paris 1839—1861) und Robert Fuchs in einer dreibändigen Ausgabe (München, Verlag von Dr. H. Lüneburg 1895—1900)[1] uns leicht zugänglich gemacht haben, so denken wir an jene machtvolle Persönlichkeit[2] des Hippokrates, dessen Geburtsjahr auf 460 und dessen Todesjahr auf 375 v. Chr. Geburt gesetzt wird. Zur Zeit des Aristoteles heißt er schon der „Große", Galen nannte ihn „der Göttliche", und bis auf den heutigen Tag gilt er als „Vater der Heilkunde".

Wir sind uns aber dessen bewußt, daß das in diesen Schriften des „Corpus Hippocraticum" niedergelegte System der praktischen und theoretischen Medizin nicht das Werk des Hippokrates allein vor uns haben, sondern das Werk von Jahrhunderten, das von Hippokrates zur höchsten Blüte gebracht wurde.

Nach Hippokrates besteht die Aufgabe der Medizin in der Erkenntnis und in der richtigen Anwendung der Mittel zur Wiederherstellung der Harmonie und Schönheit des Körpers: die Medizin ist also eine Kunst.

Am Krankenbett sieht Hippokrates zunächst von einer Diagnose in unserem Sinne ab, sucht vielmehr den Stand

---

[1] Mit gütiger Erlaubnis des Übersetzers und Verlegers durfte ich diesen von mir ausgewählten Grundsätzen der Hippokratischen Schriftensammlung den Wortlaut obiger Übersetzung im großen und ganzen zugrunde legen, wofür ich auch an dieser Stelle meinen herzlichsten Dank ausspreche.

[2] Vgl. u. a. Wilh. Alexander Freund, Die Person des Hippokrates; in: Blicke ins Kulturleben. Breslau 1879, S. 77—101.

der Dinge im Ganzen zu erforschen. Er sucht bei dem kranken Menschen dessen Lebensverhältnisse in bezug auf klimatische, atmosphärische Verhältnisse, Wohnort, Wasser, Lebensweise, Alter usw. zu ergründen, um hieraus das Entstehen der Krankheit erklären zu können. Dann richtet und beurteilt er die Krankheitserscheinungen, untersucht den Kranken von Kopf bis zu den Füßen auf das genaueste und sucht eine klare Einsicht in den Stand der Erkrankung und ihren weiteren Verlauf, zunächst besonders in prognostischer Hinsicht zu gewinnen. In der Deutung dieser Erscheinungen und ihrer Verwertung für die Vorhersagung (Prognose) und Heilmethode ist Hippokrates Meister, und seine Leistungen auf diesem Gebiet, besonders seine Kunst der Krankenbeobachtung sind für alle Zeiten bewunderungswürdig geblieben. So wie Hippokrates die Erkrankung aus den allgemeinen Lebensverhältnissen des kranken Individuums abzuleiten suchte, so fing seine Behandlung auch stets mit der Anordnung über die allgemeinen Lebensverhältnisse, namentlich die Diät, an und bestand in vielen Fällen fast allein darin. Sein Grundsatz, daß am Krankenbett, besonders bei den akuten Krankheiten, die allgemeinen Erscheinungen scharf zu beachten sind und bei ihrer Behandlung die Erfahrung leitend sein muß, hat zu allen Zeiten bei den besten Ärzten Geltung gehabt und gilt noch heute.

Mit seinem Ausspruch: „Die Liebe zu den Menschen ist die Quelle der echten Liebe zur Kunst“ hat er sich zu wahrer Humanität erhoben. Damit streifen wir die im „Corpus Hippocraticum“ niedergelegten ethischen An-

schauungen[1], die dem Leser noch heute Worte der
höchsten Bewunderung abnötigen; ich habe sie daher in
den Mittelpunkt dieses Büchleins gestellt und hoffe, daß
sie gerade am besten dazu angetan sind, einen Begriff
davon zu geben, wie hoch Hippokrates den ärztlichen
Beruf auffaßte, und daß sie am besten in seine Methode
des ärztlichen Denkens und Handelns einführen.
Demzufolge hat Hippokrates u. a. schon großen Wert
auf eine gute Erziehung und wissenschaftliche Durch-
bildung der werdenden Ärzte gelegt. Das Wissen macht
für ihn die Tüchtigkeit aus; es ist Anfang, Mitte und Ende
der ärztlichen Kunst. Wie er die Medizin als Kunst an-
sah, so liegt in seiner ganzen Lebensauffassung der künst-
lerische Zug, der dem gesamten Griechenvolke eigen
war. Und doch resigniert spricht es Hippokrates aus:
„Das Leben ist kurz, die Kunst ist lang, der rechte Augenblick ist rasch enteilt, der Versuch ist trügerisch, die Beurteilung ist schwierig", oder wie es Goethe im „Faust"
frei wiedergibt:

> „Ach Gott, die Kunst ist lang,
> Und kurz ist unser Leben!
> Mir wird bei meinem kritischen Bestreben
> Doch oft um Kopf und Busen bang!"

Erich Ebstein.

---

[1] Vgl. Georg Weiß im Archiv für Geschichte der Medizin 1910,
Bd. 4, S. 235—262.

DER EID.

ICH schwöre bei Apollon, dem Arzte, bei Asklepios, Hygieia und Panakeia und bei allen Göttern und Göttinnen, indem ich sie zu Zeugen mache, daß ich diesen meinen Eid und diese meine Verpflichtung erfüllen werde nach Vermögen und Verständnis, nämlich denjenigen, der mich in dieser Kunst unterwiesen hat, meinen Eltern gleichzuachten, Hab und Gut mit ihm zu teilen, ihm auf Verlangen dasjenige, dessen er bedarf, zu gewähren, das von ihm stammende Geschlecht gleich meinen männlichen Geschwistern zu halten, sie diese Kunst, wenn sie sie erlernen wollen, ohne Entgelt und ohne Schein zu lehren und die Vorschriften, Vorlesungen und den ganzen übrigen Lernstoff meinen Söhnen sowohl wie denen meines Lehrers und den Schülern, welche eingetragen und verpflichtet sind nach ärztlichem Gesetze, mitzuteilen, sonst aber niemand.

Diätetische Maßnahmen werde ich treffen zu Nutz und Frommen der Kranken nach meinem Vermögen und Verständnisse, drohen ihnen aber Fährnis und Schaden, so werde ich sie davor zu bewahren suchen. Auch werde ich keinem, und sei es auf Bitten, ein tödliches Mittel verabreichen, noch einen solchen Rat erteilen, desgleichen werde ich keiner Frau ein abtreibendes Mittel geben. Lauter und fromm will ich mein Leben gestalten und meine Kunst ausüben. Auch will ich bei Gott keinen Steinschnitt machen, sondern ich werde diese Verrichtung denjenigen überlassen, in deren Beruf sie fällt. In alle Häuser aber, in wie viele ich auch gehen mag, will ich

kommen zu Nutz und Frommen der Kranken und mich
fernhalten von jederlei vorsätzlichem und Schaden bringen-
dem Unrechte, insbesondere aber von geschlechtlichem
Verkehre mit Männern und Weibern, Freien und Sklaven.
Was ich aber während der Behandlung sehe oder höre
oder auch außerhalb der Behandlung im gewöhnlichen
Leben erfahre, darüber will ich, soweit es außerhalb nicht
weitererzählt werden soll, schweigen, indem ich derartiges
für ein Geheimnis ansehe.
Wenn ich nun diesen Eid erfülle und nicht breche, dann
möge mir ein glückliches Leben und eine glückliche Aus-
übung der Kunst beschieden sein, und ich möge bei allen
Menschen für immer in Ehren stehen; wenn ich ihn aber
übertrete und meineidig werde, möge mir das Gegenteil
widerfahren.

DAS GESETZ.

Kap. I.

DIE ärztliche Kunst ist von allen Künsten die vornehm-
ste, aber einerseits wegen der Unerfahrenheit derer,
die sie ausüben, und andererseits wegen der Oberflächlich-
keit derer, die solche Leute beurteilen, bleibt sie schon jetzt
weit hinter allen anderen Künsten zurück. Dieser Fehler scheint mir vorzüglich folgenden Grund zu haben:
allein für die ärztliche Kunst ist in den Staaten keinerlei
Strafe festgesetzt außer der Verachtung, diese indessen
verletzt die aus Verachtung Zusammengesetzten nicht.
Ganz ähnlich sind nämlich solche Leute den in den
Trauerspielen auftretenden Statisten, denn wie diese Ge-

stalt, Aufzug und Maske des Schauspielers haben, ohne
selbst Schauspieler zu sein, so gibt es auch der Ärzte dem
Namen nach zwar viele, der Tat nach aber recht wenige.

Kap. II.

Wer sich nämlich die richtige Kenntnis der ärztlichen
Kunst sicher aneignen will, muß folgendes besitzen: natürliche Anlage, Schulung, einen geeigneten Ort, Unter-
weisung von Kindheit an, Arbeitslust und Zeit. Zu aller-
erst also muß er die natürliche Anlage haben, denn wenn
die Natur widerstrebt, so ist alles eitel; wenn aber die
Natur den Weg zum Besten zeigt, da läßt sich die Kunst
erlernen. Diese aber muß man sich mit Verständnis aneignen, indem man als Knabe an einem Orte, der zum
Lernen geeignet ist, in die Lehre geht. Schließlich aber
muß man noch Arbeitslust für lange Zeit mitbringen,
auf daß die eingepflanzte Lehre glücklich gedeihend
Früchte bringe.

Kap. III.

Die Wissenschaft von den auf der Erde wachsenden
Pflanzen entspricht nämlich dem Wissen der ärztlichen
Kunst; denn unsere Natur ist gleich dem Lande, die
Sätze der Lehrenden sind gleich dem Samen, die Schulung
von Jugend auf ist gleich dem in rechter Jahreszeit er-
folgenden Niederfallen des Samens auf das Ackerland,
der Ort, in dem das Studieren stattfindet, ist gleich der
Nahrung, die aus der umgebenden Luft den Gewächsen
geboten wird, die Arbeitslust ist gleich der Bestellung,
die Zeit aber gibt diesem allem Kraft, daß es schließlich
zur Reife gelange.

Kap. IV.

Dieses alles also muß man für die ärztliche Kunst mitgebracht und unentwegt muß man Kenntnis von ihr erlangt haben, wenn man, durch die Städte ziehend, nicht nur dem Worte, sondern auch der Tat nach für einen Arzt gelten will. Denn die Unerfahrenheit ist ein schlimmer Schatz und Tag und Nacht ein schlechtes Kleinod für den Besitzer; eine Feindin der Zuversicht und der Berufsfreudigkeit; Amme der Feigheit und des übermütigen Gebarens. Feigheit nämlich verrät Unvermögen, und das übermütige Gebaren Unkunst. Denn zweierlei gibt es: Wissenschaft und Einbildung; jene führt zum Wissen, diese zum Nichtwissen.

Kap. V.

Heilige Dinge aber werden nur geheiligten Männern offenbart; sie Laien zu verraten, ist nicht eher erlaubt, als bis sie in die Geheimnisse der Wissenschaft eingeweiht sind.

ÜBER DIE KUNST.

Kap. I.

MANCHE Leute machen aus dem Schlechtmachen der Künste eine Kunst; dabei tun sie — nach ihrer Ansicht wenigstens — nicht das, was ich von ihnen behaupte, sondern sie tragen dabei ihre eigene Gelehrtheit zur Schau...

Kap. III.

... Was aber die ärztliche Kunst anlangt — denn von
dieser handelt mein Buch —, so werde ich sie schildern,
und zwar werde ich zunächst definieren, für was ich die
ärztliche Kunst halte; nämlich für die Kunst, die Kranken
von ihren Leiden gänzlich zu befreien, die schweren
Anfälle der Krankheiten zu lindern und sich von der Behandlung derjenigen Personen fernzuhalten, die von
der Krankheit schon überwältigt sind, da man wohl weiß,
daß hier die ärztliche Kunst nichts mehr vermag. Wie
sie dies nun tut und imstande ist, es allenthalben zu tun,
davon wird der übrige Teil meines Buches handeln ...

Kap. IV.

Der Ausgangspunkt meiner Betrachtung wird das sein,
was von jedermann zugestanden wird: daß nämlich *einige*
von denen, welche die ärztliche Kunst in ihre Behandlung genommen hat, genesen, wird zugestanden, daß aber
nicht *alle* genesen, darin liegt der Vorwurf gegen die
Kunst, und es behaupten ihre Verleumder, daß, weil einige den Krankheiten zum Opfer fallen, darum die, welche davonkommen, infolge bloßen Zufalls davonkommen
und nicht infolge der Kunst. Ich für meine Person bin
keineswegs gesonnen, dem Zufalle irgendeine Einwir-
kung abzusprechen, glaube aber, daß die schlecht behandelten Krankheiten in den meisten Fällen einen unglück-
lichen Ausgang zur Folge haben, die gut behandelten
im Gegenteil einen glücklichen. Wie könnten ferner
auch die wieder gesund Gewordenen etwas anderes als
Grund angeben als die Kunst, wenn sie durch ihre An-

wendung und ihre Dienste wieder gesund geworden sind? Denn die bloße Gestaltung des Zufalls wollten sie nicht erproben, als sie sich der Kunst überlieferten; daher sind sie auch zwar der Verpflichtung überhoben, die Heilung auf den Zufall, nicht aber, sie auf die Kunst zurückzuführen; denn indem sie sich ihr überlieferten und anvertrauten, haben sie auch ihre Form ins Auge gefaßt und haben, als ihre Arbeit getan war, ihre Macht erkannt.

Kap. V.

Hier könnte freilich der Gegner einwerfen, daß schon viele Kranke, auch ohne einen Arzt zu gebrauchen, wieder genesen sind, und ich stelle diese Behauptung nicht in Abrede. Es scheint mir aber möglich zu sein, daß auch solche, die sich eines Arztes nicht bedienen, zufällig auf die ärztliche Kunst verfallen, nicht in dem Sinne, als ob sie wüßten, was an ihr richtig und was an ihr nicht richtig ist, sondern daß sie sich zufällig mit solchen Mitteln behandeln, mit denen sie, auch wenn sie sich der Ärzte bedient hätten, behandelt worden wären. Ebenso ist der Umstand ein starker Beweis für das Bestehen der Kunst, daß sie sowohl ist, als auch groß ist da, wo die, welche sie für nichtseiend halten, augenscheinlich mit ihrer Hilfe gerettet werden; denn es müssen doch auf jeden Fall auch die, die sich der Ärzte nicht bedienen, wenn sie krank waren und wieder gesund geworden sind, wissen, daß sie durch irgendein Tun oder Unterlassen wieder gesund geworden sind; denn sie sind doch durch Fasten oder Vielessen, reichlicheres Trinken oder Nichttrinken, Baden oder Enthaltung von Bädern, Anstrengungen oder

Ruhe, Schlaf oder Wachen oder durch Vereinigung all dieser Dinge gesund geworden. Sie müssen auch aus der ihnen widerfahrenen Hilfe durchaus erkennen, daß irgend etwas da war, was half, und aus dem ihnen widerfahrenen Schaden, daß es irgend etwas gab, was ihnen Schaden zufügte. Denn die Grenzen von Nutzen und Schaden ist nicht jedermann imstande zu erkennen. Wenn nun der Krankgewesene irgendeine der Verhaltungsmaßregeln, durch die er gesund geworden ist, zu loben oder zu tadeln weiß, so wird er auch finden, daß alles dies zur ärztlichen Kunst gehört, und es sind ja auch die schadenbringenden Dinge nicht minder als die nutzbringenden Beweise für das Bestehen der Kunst; denn die nutzbringenden Dinge haben durch den richtigen Gebrauch Nutzen, die schadenbringenden aber durch den unrichtigen Gebrauch Schaden gestiftet. Wo also das Richtige sowohl wie das Unrichtige seine Grenzen hat, wie sollte das nicht eine Kunst sein? Denn das ist, behaupte ich, keine Kunst, wenn es irgendwo weder Richtiges noch Unrichtiges gibt, wo hingegen dieses beides vorhanden ist, da kann unmöglich die Kunst fehlen.

Kap. VI.

Noch stünde, wenn allein mit Hilfe von abführenden wie verstopfenden Mitteln die Heilung durch die ärztliche Kunst und durch die Ärzte erfolgte, meine Behauptung auf schwachen Füßen; so aber stellt es sich heraus, daß die Berühmtesten der Ärzte sowohl durch diätetische Verhaltungsmaßregeln als auch durch andere therapeutische Maßnahmen kurieren, von denen durchaus keiner,

ich sage nicht ein Arzt, sondern sogar ein darin ganz
unerfahrener Laie behaupten würde, sie gehörten nicht
zur Kunst. Insofern also weder an den guten Ärzten
noch an der ärztlichen Kunst selbst etwas nutzlos ist,
sondern im Gegenteil in der Mehrzahl der natürlichen
und künstlichen Erzeugnisse die Art der Heilmethoden
und der Heilmittel enthalten ist, kann keiner derjenigen,
die ohne Arzt gesund werden, noch mit gutem Grunde
dem Zufalle die Heilung zuschreiben; denn der Zufall
erweist sich da offenbar als ein Nichts, weil ja für jedes
Geschehen ein Grund zu finden ist und bei einem Grunde
der Zufall offenbar keinerlei Bestand hat außer etwa dem
bloßen Namen; die ärztliche Kunst aber hat und wird
immer sowohl in dem Warum als in dem Vorhersagen
ihren Bestand haben.

Kap. VIII.

... Können wir doch nur diejenigen Tätigkeiten ausüben,
zu denen wir die Werkzeuge, seien es die der Natur,
seien es die der Kunst, in die Hände bekommen können,
andere hingegen nicht...

DIE ALTE MEDIZIN.
Kap. II.

DIE ärztliche Kunst aber besitzt von alter Zeit her das
alles. Für sie ist sowohl das Prinzip als auch die
Methode gefunden, der zufolge die vielen schönen Ent-
deckungen in geraumer Zeit gemacht sind und auch das
übrige noch gefunden werden wird, wenn man, befähigt

und des bereits Entdeckten kundig, von da ausgehend seine Forschungen anstellt. Wer aber dies alles verwirft und verachtet und auf einem anderen Wege und auf andere Art zu forschen versucht und dann behauptet, er hätte etwas gefunden, der hat sich getäuscht und täuscht sich noch, täuscht sich selbst und täuscht andere, denn das ist unmöglich ...

Kap. III.

Die ärztliche Kunst wäre von vornherein weder entdeckt, noch wäre nach ihr geforscht worden — denn es bedürfte ihrer durchaus nicht —, wenn den kranken Menschen dieselbe Lebensweise, die die Gesunden führen, und dieselben Lebensmittel, die sie essen und trinken, zuträglich wären und es nichts anderes gäbe, was besser wäre als diese. So aber hat die Notwendigkeit selbst die Menschen gezwungen, nach der ärztlichen Kunst zu forschen und sie zu entdecken, weil den Kranken dieselbe Kost, die die Gesunden genießen, nicht zuträglich war, wie sie ihnen auch heute nicht zuträglich ist ...

Kap. IX.

Wenn nun einfach, wie vorausgeht, die kräftigeren Speisen den Gesunden ebenso wie den Kranken schädigten und die schwächeren Speisen beide förderten und nährten, so wäre das eine leichte Sache. Da brauchte man sich in vielen Fällen bloß an das Sichere zu halten und die Kranken somit auf die leichteste Diät zu setzen. Nun ist es aber ein nicht geringerer Fehler und schädigt den Menschen nicht minder, wenn er weniger und schwächere

Speisen zu sich nimmt, als für ihn notwendig sind; denn
die Macht des Hungers vermag in der menschlichen
Natur große Entkräftung und schließlich den Tod herbei-
zuführen. Aber auch viele andere von dem Säfteüber-
fluß (Plethora) verschiedene Schäden und doch nicht
minder gefährliche als diese entstehen durch die Entleerung, weil diese viel mannigfaltiger ist und größerer
Sorgfalt bedarf. Denn man muß ein bestimmtes Maß zu
erlangen suchen, als Maß aber, auf das man sich, um das
Richtige zu erfahren, berufen könnte, ist nichts anderes,
sei es ein Gewicht oder eine Zahl, zu entdecken als das
Gefühl des Körpers. Daher ist es eine Aufgabe, das alles
so genau zu erlernen, daß man nach der einen wie nach
der anderen Seite nur einen geringen Fehler macht, und
ich würde den Arzt, der nur kleine Fehler macht, noch
laut preisen. Aber die absolute Wahrheit kann man nur
selten schauen. Der Mehrzahl der Ärzte ergeht es nämlich, wie mir scheint, ebenso schlimm wie den Steuer-
männern; denn auch bei diesen merkt man· es nicht,
wenn sie bei Windstille falsch steuern, wenn aber ein
heftiges Unwetter und ein Sturm, der das Schiff aus dem
Kurs verschlägt, über sie hereinbricht, da wird es allen
Menschen klar und deutlich, daß sie durch ihre Unkenntnis und ihre Fehler das Schiff ins Verderben gebracht haben. So ergeht es auch den meisten schlechten
Ärzten ...

Kap. X.

... Es gibt nämlich Leute, denen es gut bekommt, wenn
sie nur einmal des Tages essen, deshalb haben sie auch

diese ihnen zuträgliche Einrichtung getroffen; andere
wieder werden durch dieselbe Erfahrung gezwungen, zu
frühstücken; denn denen frommt es. Gleichgültig ist es
aber für die, die aus bloßer Liebhaberei oder aus irgendeinem anderen zufälligen Grunde das eine oder das andere zur Gewohnheit gemacht haben; macht es doch der
großen Mehrzahl der Menschen, ob sie die eine oder andere Gewohnheit annehmen, nur eine Mahlzeit des Tages
zu halten oder auch zu frühstücken, gar nichts aus, bei
dieser Gewohnheit zu bleiben. Es gibt aber auch Leute,
die, wenn sie von dem ihnen Zuträglichen abgehen
wollten, unmöglich leichten Kaufs davonkommen wür-
den, sondern es befällt sie dann, wenn sie für einen Tag,
und den noch nicht einmal ganz, eine Änderung eintreten lassen, heftiges Unwohlsein ...

Kap. XX.

... Die wahre Erkenntnis aber kann man erlangen, wenn
man die gesamte ärztliche Kunst richtig bewältigt hat.
Bis dahin scheint mir noch viel zu fehlen, ich verstehe
aber darunter die Kenntnis, genau zu wissen, was der
Mensch ist und durch welche Ursachen er entsteht, und
das übrige (genau zu wissen). Denn mir scheint die Notwendigkeit vorzuliegen, daß ein jeder Arzt die Natur er-
gründet und sich alle Mühe gibt, wenn anders er seine
Pflicht recht erfüllen will, kennen zu lernen, wie sich
der Mensch dem Essen und Trinken gegenüber verhält,
wie sonst den Lebensgewohnheiten gegenüber und was
aus jedem einzelnen für Folgen entstehen. Er soll nicht
einfach meinen, daß der Genuß von Käse nachteilig sei,

weil er bei demjenigen, der sich den Leib damit fülle,
Beschwerden verursache, sondern er soll auch wissen,
was für Beschwerden das sind, warum sie entstehen und
welchem Teile des menschlichen Inneren der Käse unzuträglich ist. Es gibt ja doch noch viele andere Speisen
und Getränke, deren Genuß der menschlichen Natur
schädlich ist und den Menschen auf verschiedene Weise
angreift. Ich will ein Beispiel gebrauchen. Wenn man
viel unverdünnten Wein trinkt, macht er den Menschen
schwach, und alle, die das sehen, wissen, daß dieses die
Wirkung des Weines und er selbst die Ursache ist, und
auch auf was für Teile des Menschen er den größten
Einfluß hat, wissen wir. Eine solche Tatsache will ich
auch für die übrigen Dinge beibringen. Der Käse nämlich – da wir einmal dieses Beispiel anwendeten – macht
nicht bei allen Menschen die gleichen Beschwerden,
sondern manche haben, wenn sie sich den Leib damit
gefüllt haben, keinerlei Störungen, ja er verleiht denen,
welchen er bekommt, sogar wunderbare Kraft, andere
wieder verdauen ihn schwer. Ihre Naturen sind also
verschieden...

DER ARZT.

Kap. I.

ES ist für einen Arzt eine Empfehlung, wenn er, soweit
es seine Natur zuläßt, eine frische Farbe hat und
wohlbeleibt ist; meint doch das große Publikum, daß die,
welche ihren Körper selbst nicht gut gepflegt haben, auch
für das Wohlbefinden anderer nicht gut sorgen können.

Ferner muß er reinlich aussehen, gute Kleidung haben und sich mit wohlriechenden Salben parfümieren; denn alles dies pflegt einen guten Eindruck auf die Patienten zu machen. In bezug auf seine Geistesverfassung muß er auf folgendes achten. Er muß nicht allein zur rechten Zeit zu schweigen verstehen, sondern auch ein wohlgeordnetes Leben führen; denn das trägt viel zu seinem guten Rufe bei. Seine Gesinnung sei die eines Ehrenmannes, und als solcher zeige er sich gegenüber allen ehrwürdigen Menschen freundlich und von billiger Gesinnungsart. Denn Überstürzung und Voreiligkeit liebt man auch dann nicht, wenn sie von Nutzen wären. Hat er freie Hand, so muß er genau zusehen; denn dieselben Handlungen sind bei denselben Personen nur dann beliebt, wenn sie selten geschehen. Was seine Haltung angeht, so zeige er ein verständiges Gesicht und schaue nicht verdrießlich drein, weil das anmaßend und misanthropisch aussehen würde. Wer andererseits gern lacht und allzu heiter ist, fällt einem zur Last, wovor man sich am meisten zu hüten hat. Billig sei er in seinem ganzen Verkehre; denn die Billigkeit muß einem in vielen Fällen zur Seite stehen. Der Arzt aber hat nicht wenige Beziehungen zu seinen Kranken, geben sich diese doch den Ärzten ganz in die Hand und kommen jene doch zu jeder Stunde mit Frauen, jungen Damen und Gegenständen von höchstem Werte in Berührung. In allen diesen Fällen muß man sich zusammenzunehmen wissen. So muß ein Arzt an Geist und Körper beschaffen sein.

ÜBER DEN ANSTAND.

Kap. V.

DAHER muß man, wenn man jedes einzelne der vorgenannten Dinge sich aneignen will, Philosophie in die Medizin und Medizin in die Philosophie hineintragen; denn ein Arzt, der zugleich Philosoph ist, steht den Göttern gleich.[1] Ist ja doch kein großer Unterschied zwischen beiden, weil die Eigenschaften der Philosophie auch sämtlich in der Medizin enthalten sind: Uneigennützigkeit, Rücksichtnahme, Schamhaftigkeit, würdevolles Wesen, Achtung, Urteil, Ruhe, Entschiedenheit, Reinlichkeit, Sprechen in Sentenzen, Kenntnis des zum Leben Nützlichen und Notwendigen, Abscheu vor Schlechtigkeit, Freisein von Aberglauben, göttliche Erhabenheit; denn sie besitzen das, was sie besitzen, lediglich, um die Üppigkeit, das Handwerksmäßige, die unersättliche Habsucht, die Begierde, die Raublust und die Schamlosigkeit erkennen zu lassen; solcher Art also ist die Erkenntnis des Einkommens und der nützlichen Anwendung des mit der Freundschaft, mit den Kindern, mit dem Vermögen Zusammenhängenden. Mit dieser Erkenntnis aber ist eine gewisse Weisheit verbunden; denn auch der Arzt hat dies zum größten Teil.

Kap. VI.

... Die Ärzte beugen sich aber vor den Göttern, weil in der ärztlichen Kunst keine übermächtige Kraft enthalten ist...

---

[1] Vgl. H. Röck, Das hippokratische Wort von der Gottgleichheit des „philosophischen" Arztes. Archiv für Geschichte der Medizin. Bd. 7 (1913), S. 253—272.

Kap. VII.

... Der Arzt muß aber eine gewisse Umgänglichkeit zur Verfügung haben, denn mürrisches Wesen erregt bei Gesunden wie bei Kranken Anstoß. Vorzüglich aber hat er auf sich selbst achtzugeben, daß er nicht viel von seinem Körper sehen läßt und mit den Laien nicht viel, sondern nur, was notwendig ist, spricht; denn man sieht dies als die unbedingte Voraussetzung zur Beförderung der Heilung an. Er tue auch keine Verrichtung, die gekünstelt oder auffällig aussieht. Man bedenke das alles, damit alles zur Dienstleistung gehörig vorbereitet sei, sonst stellt sich im Bedarfsfalle unliebsame Verlegenheit ein.

Kap. VIII.

Man muß in der ärztlichen Kunst unter Beobachtung der nötigen Würde für alles Sorge tragen, was betrifft das Betasten, das Einreiben, die Übergießungen, die elegante Haltung der Hände, die Charpie, die Kompressen, die Verbände, die Folgen der Temperatur, die Purganzen, die Wunden und die Augenleiden, und zwar in diesen Fällen wieder muß man für den besonderen Fall Sorge tragen, damit die Instrumente, die Maschinen und das übrige Eisen in gutem Stande sind; denn fehlt es hieran, so deutet das auf Unvermögen und bringt Schaden. Man habe aber auch einfachere Hilfsmittel für den Handgebrauch auf Reisen bei sich, und zwar handlich infolge der methodischen Anordnung; denn der Arzt kann nicht erst alles einzeln durchgehen.

Kap. IX.

Stets gegenwärtig aber seien dem Arzte die Heilmittel und die einfachen Kräfte, soweit sie schriftlich aufgezeichnet sind, wenn man seinem Sinne schon eingeprägt hat die Kenntnis von der Behandlung der Krankheiten, von ihren Methoden, auf wieviel Art und Weisen sie anzuwenden sind und wie sie sich in jedem Einzelfalle stellen; denn das ist in der ärztlichen Kunst Anfang, Mittel und Ende.

Kap. XI.

Wenn man aber, nachdem dies alles vorbereitet ist, zu dem Patienten hineinkommt, so wisse man unter guter Vorbereitung jeglichen Dinges auf das, was zu geschehen hat, damit man nicht in Verlegenheit gerate, was man zu tun hat, und zwar noch vor dem Eintritte; denn viele Fälle bedürfen gar nicht der Überlegung, sondern der Hilfeleistung. Man muß sich vorher auf Grund der Erfahrung über den Ausgang erklären; denn das trägt viel zum guten Rufe bei und lernt sich leicht.

Kap. XII.

Beim Eintreten aber erinnere man sich an die Art des Niedersitzens, an die würdevolle Haltung, an die gute Kleidung, an den Ernst, an die knappe Sprache, an die Kaltblütigkeit beim Handeln, an die sorgfältige Wartung des Patienten, an die Fürsorge, an die Antwort auf die erhobenen Widersprüche, an die Gemütsruhe gegenüber den eintretenden Schwierigkeiten, an die Zurückweisung von Störungen, an die Bereitwilligkeit zu Hilfeleistungen.

Hierbei vergesse man nicht die erste Einrichtung, sonst sei man unerschütterlich fest in bezug auf das übrige, was nach der Vorschrift zur Hilfeleistung bereitzustehen hat.

Kap. XIII.

Man mache häufig Krankenbesuche, untersuche genau, indem man dabei Täuschungen bei den Veränderungen entgegentritt; denn man wird den Tatbestand leichter erkennen und zugleich eine leichtere Hand haben …

Kap. XIV.

Man muß aber auch auf die Fehler der Kranken achten, da es schon häufig vorgekommen ist, daß sie über das Einnehmen von verordneten Arzneien die Unwahrheit gesagt haben; sind doch oft diejenigen, welche die ihnen verhaßten Arzneien, mögen es nun Purgativa, mögen es andere Medikamente gewesen sein, nicht eingenommen haben, deshalb gestorben. Und diese Tat gestehen sie nicht ein, sondern die Schuld daran wird dem Arzte aufgebürdet.

Kap. XV.

Man hat aber auch auf die Lagerstätten zu achten, und zwar sowohl was die Jahreszeit, als auch was die Art der Lagerung angeht. Die einen haben nämlich ihr Lager an Stätten mit guter Luft, die anderen an unter der Straße gelegenen, dunklen Orten. Geräusche und Gerüche, namentlich den des Weines — denn dieser ist der schädlichste — hat man zu meiden und fernzuhalten.

Kap. XVI.

Dies alles soll man mit Ruhe und mit Geschick tun, indem man vor dem Kranken während der Hilfeleistung das meiste verbirgt. Was zu geschehen hat, soll man mit freundlicher und ruhiger Miene anordnen, dem Kranken, indem man sich von seinen eigenen Gedanken losmacht, bald mit Bitterkeit und ernster Miene Vorwürfe machen, bald ihm wieder mit Rücksicht und Aufmerksamkeit Trost zusprechen, indem man ihm nichts von dem, was kommen wird und ihn bedroht, verrät; denn schon viele sind hierdurch, ich meine durch das eben erwähnte Voraussagen dessen, was sie bedroht und eintreffen wird, zum Äußersten getrieben worden.

Kap. XVIII.

Da die Verhältnisse zur Erwerbung guten Rufes und zur Erwerbung von Würde in der Philosophie wie in der ärztlichen Kunst, wie endlich auch in den übrigen Künsten nun einmal so gestaltet sind, muß sich der Arzt unter genauer Unterscheidung der Teile, über die wir gesprochen haben, den einen zum steten Begleiter auserkiesen, ihn bewachen und behüten und durch Betätigung weiter übermitteln; denn da diese Dinge berühmt sind, werden sie von allen Menschen gehütet. Die aber, die diesen Weg ziehen, stehen in Ansehen bei Eltern und Kindern, und wenn manche nicht viel davon verstehen, so werden sie durch die Dinge selbst zum richtigen Verständnis gebracht.

VORSCHRIFTEN.

Kap. I.

DIE Zeit ist dasjenige, worin die günstige Gelegenheit enthalten ist, und die günstige Gelegenheit ist dasjenige, worin nicht viel Zeit enthalten ist. Die Heilung erfolgt durch die Zeit, zuweilen aber auch durch den günstigen Augenblick. Folglich muß derjenige, der das weiß, die Heilung bewirken, indem er sein Augenmerk zuvor nicht auf eine zuverlässige Berechnung richtet, sondern vielmehr auf die Praxis in Verbindung mit der Berechnung. Denn die Berechnung ist eine zusammensetzende Erinnerung der vermittelst der sinnlichen Wahrnehmung aufgefaßten Dinge ...

Kap. III.

Nützlich und mannigfaltig ist aber auch die Vorausbestimmung der Verordnungen für den Patienten, weil ja allein das Verordnete helfen wird. Denn einer Versicherung bedarf es nicht, nisten sich doch alle Krankheiten infolge mannigfacher Zufälligkeiten und Veränderungen mit einer gewissen Beharrlichkeit ein.

Kap. IV.

Der Empfehlung scheint aber auch der folgende Punkt unserer Lehre zu bedürfen. Wenn man nämlich von dem Honorar anfängt — denn das hat ja einen gewissen Bezug auf das Ganze —, so wird man bei dem Patienten die Vorstellung verursachen, daß man ihn, wenn es nicht zu einer Vereinbarung kommt, im Stiche lassen und davongehen oder aber, daß man ihn vernachlässigen und im

Augenblicke keine Ratschläge erteilen wollte. Also darf man sich um die Festsetzung des Honorars nicht kümmern, denn wir sehen eine derartige Vorsorge als etwas für den Erkrankten Schädliches an, besonders bei einer hitzigen Krankheit. Die Schnelligkeit des Leidens nämlich, die keine Gelegenheit zur Umkehr gibt, spornt den ehrenhaften Arzt nicht dazu an, seinen Vorteil zu suchen, sondern sich mehr an den Ruhm zu halten. Besser ist es, denen, die davongekommen sind, Vorwürfe zu machen, als diejenigen, die in Gefahr schweben, im voraus gehörig auszuschneuzen.

Kap. VI.

Was das Honorar anlangt, ... so rate ich, daß man auf das Vermögen und Einkommen des Kranken Rücksicht nehme. Bisweilen tut man gut, umsonst zu behandeln, indem man lieber dankbare Erinnerung als augenblicklichen Ruhm auf sich nimmt. Bietet sich aber Gelegenheit, einem Fremden und Bedürftigen Hilfe zu leisten, so soll man diesem in hervorragendem Maße zu Diensten stehen; denn wo Liebe zum Menschen vorhanden ist, da ist auch Liebe zur Kunst vorhanden. Manche Kranke nämlich, die fühlen, daß ihr Leiden nicht ohne Anlaß zur Besorgnis ist, und sich doch auf die Tüchtigkeit des Arztes voll Vertrauen verlassen, erlangen ihre Gesundheit wieder ...

Kap. VIII.

... Das Nachlassen und die Verschlimmerung im Befinden des Kranken erheischen ärztliches Einschreiten. Es hat nichts Ungehöriges an sich, wenn ein Arzt, der sich im Augenblicke eines Kranken wegen in Verlegenheit befindet und infolge seiner nicht genügenden Erfahrung nicht klar sieht, auch andere Ärzte zur Konsultation hinzuzieht, damit man auf Grund einer gemeinsamen Besprechung den Zustand des Kranken klarlege und jene Kollegen mithülfen, um ein Mittel zur Heilung zu finden; denn wenn sich eine Krankheit einnistet, so entgehen, falls das Leiden größer wird, gar viele Dinge im Augenblicke (dem Beobachter) wegen seiner Ratlosigkeit. In einem solchen Falle soll man festes Zutrauen haben ...

Kap. X.

Zu vermeiden aber hat man auch den Luxus von Kopfbedeckungen, um Praxis zu bekommen, desgleichen kostbare Parfums; denn durch viel ungewohntes Benehmen wird man sich eine schlechte Meinung erwerben, durch ein wenig ungewohntes hingegen Ansehen; denn im Teile ist nur geringes Übel, im Ganzen hingegen vieles. Die Erwerbung der Dankbarkeit der Leute aber will ich nicht in Abzug bringen, ist sie doch der Vortrefflichkeit des Arztes würdig.

Kap. XII.

Wenn man um der Menge willen eine öffentliche Vorlesung veranstalten will, so ist das kein sehr rühmliches Verlangen, wenigstens hüte man sich, poetische Zeugnisse zu verwenden; denn das würde ein Unvermögen in dem Müheaufwande verraten.

DIE APHORISMEN.

Erster Abschnitt.

1

DAS Leben ist kurz, die Kunst ist lang, der rechte
Augenblick ist rasch enteilt, der Versuch ist trügerisch, die Beurteilung ist schwierig. Der Arzt muß aber
nicht nur das Nötige tun, sondern auch der Patient selbst,
seine Umgebung und die Außenwelt.

2

... So ist auch der Aderlaß, wenn es so geschieht, wie
es zu geschehen hat, zuträglich, und man verträgt ihn
leicht, andernfalls tritt das Gegenteil ein. Man muß daher
auf... das Alter und die Krankheiten achten, bei denen
er notwendig ist oder nicht.

3

Bei denen, die Leibesübungen vornehmen, ist hochgradige
Wohlbeleibtheit bedenklich, wenn sie zum Äußersten ge-
kommen ist, denn sie kann nicht in demselben Zustande
verharren, noch ruhen. Da sie aber nicht in Ruhe ver-
harrt, kann sie auch nicht zum Besseren fortschreiten,
folglich bleibt nur übrig, daß sie zum Schlimmeren fort-
schreite. Deshalb ist es von Nutzen, die Wohlbeleibtheit
zu beseitigen, und zwar nicht zu langsam, damit der Körper wieder zu dem Beginne der Ernährung zurückkehre;
auch darf man die Entfettung nicht zum Äußersten treiben, denn das ist gefährlich, sondern nur so weit, wie es
die natürliche Beschaffenheit dessen, der es zu ertragen
hat, erlaubt, darf man es treiben.

8

Wenn das Leiden auf dem Höhepunkte angelangt ist,
muß man sich auch der leichtesten Diät bedienen.

13

Alte Leute ertragen das Fasten sehr gut, nächst ihnen
Leute gesetzten Alters, weniger gut junge Leute, am aller-
wenigsten Kinder, von diesen selbst aber wieder die Leb-
hafteren.

16

Flüssige Diät ist allen Fiebernden zuträglich, am meisten
aber Kindern und anderen Leuten, die an ebensolches
Leben gewöhnt sind.

18

Im Sommer und Herbste verträgt man das Essen am
schwersten, im Winter am leichtesten, nächstdem im
Frühjahre.

Zweiter Abschnitt.

3

Wenn Schlaf und Wachen das richtige Maß überschreiten,
ist es schädlich.

4

Weder Sättigung noch Hunger noch irgend etwas anderes, was das natürliche Maß überschreitet, ist zuträglich.

5

Spontane Zerschlagenheit sind Vorboten der Krankheiten.

6

Die, die an irgendeinem Körperteile ein Leiden haben,
das Leiden aber so gut wie nicht fühlen, sind an der
Seele krank.

7

Die langsam Abgemagerten muß man auch langsam wieder zu Kräften bringen, die rasch Abgemagerten in kur-
zer Zeit.

11

Es ist leichter, sich mit Trank als mit Speise zu erquicken.

12

Was bei den Krankheiten nach der Krisis zurückbleibt,
pflegt Rückfälle hervorzurufen.

13

Die, bei denen eine Krisis erfolgt, verbringen die Nacht
vor der Verschlimmerung sehr unruhig, die darauffol-
gende aber meist leichter.

19

Bei akuten Krankheiten sind die Vorhersagungen sowohl
des Todes als der Genesung nicht völlig untrüglich.

31

Wenn ein Genesender tüchtig ißt und doch am Körper
nicht zunimmt, so ist es schlimm.

Bei jedem Leiden ist es gut, klaren Verstand zu haben
und zum Essen aufgelegt zu sein, das Gegenteil aber ist
nachteilig.

Alte Leute erkranken zumeist weniger oft als junge Leute;
wenn sie aber von chronischen Leiden befallen werden,
so begleiten diese sie meist bis zu ihrem Tode.

Wohlbeleibte Leute sterben eher eines schnellen Todes
als magere.

Zu der Zeit, wo sich der Eiter bildet, treten mehr Schmerzen und Fieber auf, als wenn er sich bereits gebildet hat.

Diejenigen, die gewöhnt sind, die gewöhnlichen Arbeiten
zu tun, ertragen, auch wenn sie schwächlich oder hoch-
bejahrt sind, die Krankheiten leichter als diejenigen, die,
obwohl stark und jung, nicht daran gewöhnt sind.

Was man schon lange Zeit gewöhnt ist, pflegt, auch wenn
es weniger gut ist, weniger beschwerlich zu fallen als das,
was man nicht gewöhnt ist; daher muß man sich auch
dem Ungewohnten zuwenden.

Wenn man alles nach Gebühr tut und die Ereignisse
nicht nach Gebühr eintreten, soll man nicht zu etwas

anderem übergehen, sondern bei dem von Anfang an
Beliebten verbleiben.

54

Einen hochgewachsenen Körper zu haben, ist für junge
Leute etwas Edles und Gefälliges, für alte Leute aber nicht
von Nutzen und weniger gut, als wenn sie kleiner wären.

Dritter Abschnitt.

1

Der Wechsel der Jahreszeiten erzeugt sehr häufig Krankheiten, und in den Jahreszeiten selbst wieder tun es die
großen Witterungsumschläge von Kälte und Hitze und
das übrige in gleichem Verhältnis.

2

Die menschlichen Naturen sind teils dem Sommer, teils
dem Winter gegenüber gut oder schlecht disponiert.

3

Die eine Krankheit ist gegenüber dieser, die andere gegenüber jener (Jahreszeit) gut oder schlecht disponiert; ebenso
verhält es sich mit manchen Altersstufen gegenüber den
Jahreszeiten, den örtlichen Verhältnissen und den Lebensgewohnheiten.

9

Im Herbste sind die Krankheiten im allgemeinen am
hitzigsten und am ehesten tödlich, das Frühjahr aber ist
am gesündesten und hat die geringste Sterblichkeit.

10

Der Herbst ist für Schwindsüchtige gefährlich.

19

Die Krankheiten entstehen ohne Unterschied zu jeglicher Jahreszeit, manche hingegen entstehen und verschlimmern sich in manchen Jahreszeiten mit Vorliebe.

Vierter Abschnitt.

29

Diejenigen, die bei Fiebern am sechsten Tage Schüttelfrost bekommen, haben schwere Krisen durchzumachen.

36

Wenn bei Fiebernden Schweiße auftreten, so sind sie heilsam am dritten, fünften, siebenten, neunten, elften, vierzehnten, siebzehnten, einundzwanzigsten, siebenundzwanzigsten, einunddreißigsten und vierunddreißigsten Tage, denn die Schweiße führen zur Krisis der Krankheiten; diejenigen Schweiße aber, die nicht zu diesen Zeiten auftreten, bedeuten Schmerzen, lange Krankheitsdauer und Rückfälle.

45

Die, bei denen Verdickungen in der Nachbarschaft der Gelenke oder Schmerzen infolge von Fieber auftreten, nehmen zu viel Speisen zu sich.

Fünfter Abschnitt.

9

Schwindsucht befällt die Menschen meist im Alter von achtzehn bis fünfunddreißig Jahren.

14

Wenn bei einem Schwindsüchtigen Durchfälle hinzukommen, so führt das den Tod herbei.

Sechster Abschnitt.

13

Wenn bei einem von Schlucken Befallenen Niesen eintritt, so hebt dieses den Schlucken auf.

42

Wenn bei Gelbsüchtigen die Leber hart wird, ist es schlimm.

55

Das Podagra regt sich meistens im Frühjahr und Herbst.

57

Vom Schlagflusse gelähmt werden die Menschen aber besonders vom vierzigsten Lebensjahre ab bis gegen das sechzigste hin.

Siebenter Abschnitt.

1

Bei akuten Krankheiten ist das Erkalten der Gliedmaßen schlimm.

Lungenentzündung nach Brustfellentzündung ist gefährlich.

34

Bei denen, auf deren Harn Blasen stehen, deuten sie auf eine Erkrankung der Niere und eine lange Dauer des Leidens.

DIE DIÄT.

Erstes Buch.

Kap. II.

ICH behaupte aber, daß, wer über die Diät des Menschen richtig schreiben will, zunächst die ganze Natur des Menschen kennen und erkennen muß, kennen, aus was sie von Ursprung an besteht, erkennen, von welchen Teilen sie überwunden wird; denn wenn man die ursprüngliche Zusammensetzung nicht kennt, wird man auch nicht imstande sein, zu erkennen, was durch jene entsteht, andererseits, wenn man nicht erkennt, was im Körper vorherrscht, wird man nicht imstande sein, das dem Menschen Zuträgliche zu verabreichen. Das muß der Schriftsteller also kennen, ferner muß er aber auch wissen, welche Wirkung ein jedes einzelne von all den Speisen und den Getränken hat, die wir täglich zu uns nehmen, mag diese Wirkung nun von Natur vorhanden sein oder durch einen Zwang oder die menschliche Kunst herbeigeführt sein. Denn man muß verstehen, wie man den von Natur starken Dingen ihre Wirkung zu nehmen, wie man an-

dererseits schwachen auf künstlichem Wege Stärke zu
verleihen hat, wie es im einzelnen Falle die Zweckmäßig-
keit mit sich bringt. Kennt man aber auch das Genannte,
so ist die ärztliche Pflege des Menschen doch noch nicht
ausreichend, weil ja der Mensch, der ißt, nicht gesund sein
kann, wenn er nicht auch Leibesübungen pflegt...

... Denn die Krankheiten befallen die Menschen nicht
sofort, sondern nachdem sie sich nach und nach ange-
sammelt haben, zeigen sie sich in ihrer vollen Stärke...

Kap. IV.

... Es geht aber kein einziges aus der Gesamtheit der
Dinge verloren, noch auch entsteht etwas, was nicht schon
vorher war...

... Denn man schenkt den Augen mehr Glauben als der
vernunftgemäßen Überlegung, obwohl sie nicht einmal
ausreichen, um das Gesehene zu beurteilen; ich freilich
erkläre das mit Hilfe vernunftgemäßer Überlegung...

Kap. XV.

Die Schuster teilen das Ganze und die Stücke, die Stücke
machen sie ganz; indem sie aber schneiden und stechen,
machen sie das Schadhafte heil. Auch der Mensch erfährt
dasselbe. Aus dem Ganzen wird er in Stücke zerlegt, aus
den Stücken wird durch Zusammensetzen Ganzes. Durch
Stechen und Schneiden werden die schadhaften Stellen
durch die Ärzte heil gemacht, und *das* ist die Aufgabe
der ärztlichen Kunst, das, was Störung verursacht, zu
entfernen und durch Wegnahme desjenigen, wodurch
der Mensch leidet, ihn gesund zu machen. Die Natur

versteht dieses ganz von selbst: einen Sitzenden veranlaßt
sie durch Schmerz zum Aufstehen, einen sich Bewegen-
den zum Ausruhen, und noch anderes derartiges hat die
Natur mit der ärztlichen Kunst gemein.

Kap. XVIII.

Für die Musik muß zunächst ein Instrument vorhanden
sein, auf welchem die Harmonie zeigt, was sie will. Aus
dem nämlichen kommen Akkorde, die nicht die nämlichen sind, bestehend aus hohen und tiefen Tönen, der
Bezeichnung nach einander ähnlich, dem Tone nach einander unähnlich. Die größten Unterschiede geben am
meisten Zusammenklang. Wenn man aber alles ähnlich
gestalten will, ist kein Ergötzen damit verbunden, sondern
die häufigsten und mannigfaltigsten Veränderungen ergötzen am meisten. Die Köche bereiten für die Menschen
Gerichte aus Verschiedenartigem und doch Zusammen-
stimmendem, indem sie allerlei miteinander vermischen,
sie machen aus dem Gleichen Nichtgleiches, als Essen und
Trinken für die Menschen. Wenn man aber alles ähnlich
gestalten will, bringt es kein Ergötzen mit sich, andererseits würde es auch nicht recht sein, wenn man in dem
nämlichen alles vereinigen wollte. Die Schläge werden
in der Musik teils oben, teils unten geführt. Die Zunge
ahmt die Musik nach, indem sie in dem mit ihr in Berührung Kommenden das Süße und das Saure unter-
scheidet, desgleichen was nicht übereinstimmt und was
übereinstimmt. Sie schlägt die Töne oben und unten an,
und es ist nicht richtig, wenn sie die oberen Töne unten
oder die unteren Töne oben anschlägt. Hat die Zunge

eine schöne Harmonie, dann wird durch das Zusammen-
klingen Ergötzen hervorgerufen, hat sie keine Harmonie,
Belästigung.

Kap. XIX.

Die Ledergerber ziehen, reiben, bürsten, waschen, das
ist die Körperpflege der kleinen Kinder ...

Zweites Buch.
Kap. XXVI.

Spaziergänge sind etwas Natürliches, und zwar von allem
übrigen das Natürlichste, doch haben sie auch etwas Ge-
waltsames ...

Kap. XXX.

Mit den Ermüdungen des Körpers verhält es sich folgen-
dermaßen. An körperliche Übungen nicht gewöhnte
Leute werden durch jede Anstrengung ermüdet, denn
kein Teil des Körpers ist durch Anstrengung an irgendeine Anstrengung gewöhnt worden; die an körperliche
Übung gewöhnten Körper hingegen werden durch un-
gewohnte leibliche Anstrengungen ermüdet, wenn sie sie
im Übermaße betreiben ...

Drittes Buch.
Kap. III.

Diese Ratschläge erteile ich der großen Mehrheit der
Menschheit, soweit sie unter dem Zwange der Verhält-
nisse ein Leben auf gut Glück führen müssen und keine
Möglichkeit haben, unter Vernachlässigung des übrigen

für ihre Gesundheit Sorge zu tragen; für diejenigen hingegen, denen sich diese Möglichkeit bietet und bei denen es klar auf der Hand liegt, daß sie auf nichts, weder auf Geld noch auf sonst irgend etwas anderes Rücksicht zu nehmen brauchen als auf ihre Gesundheit, für die habe ich eine Lebensweise entdeckt, die, soweit es möglich ist, auf das allergenaueste schriftlich niedergelegt ist... Diese Entdeckung ist für mich, der sie gemacht hat, rühmlich, für die, die sie kennen lernen, nützlich; kein einziger von meinen Vorgängern hat aber auch nur den Versuch gemacht, sich mit dem zu beschäftigen, was nach meinem Urteile im Vergleich mit allem übrigen sehr wertvoll ist. Meine Entdeckung ist nämlich das Vorauserkennen, bevor man krank wird, die Erkenntnis, was dem Körper fehlt, ob die Speisen die Herrschaft über die leiblichen Übungen oder die leiblichen Übungen die Herrschaft über die Speisen erlangt haben oder ob beide zueinander im richtigen Verhältnis stehen. Denn dadurch, daß das eine oder das andere die Herrschaft erlangt, entstehen die Krankheiten, während von dem gleichen Verhältnis beider zueinander die Gesundheit des Menschen herrührt...

ÜBER DIE TRÄUME.

Viertes Buch.

Kap. I.

WER die richtige Erkenntnis hat, wird finden, daß die Anzeichen, die sich im Schlafe einstellen, einen großen Einfluß auf alles ausüben...

... Das Beten ist zwar etwas Schickliches und sehr Gutes, indessen muß man auch selbst die Hand anlegen, wenn man die Götter anruft.

DIE HYGIENE DER LEBENSWEISE.

Kap. I.

IM Winter sollen sie möglichst viel essen, aber so wenig wie möglich trinken, und zwar bestehe das Getränk in möglichst ungemischtem Weine, die Speisen andererseits in Brot und gerösteter Zukost jeder Art, Gemüse aber genieße man in jener Jahreszeit so wenig wie möglich; denn auf diese Weise wird der Körper wohl am trockensten und wärmsten sein ...

Kap. II.

Für beleibte, weichliche und rotbäckige Naturen ist es zuträglich, die meiste Zeit des Jahres eine trocknere Lebensweise zu führen, denn die Natur solcher Konstitutionen ist feucht. Leute mit festem Fleische, derbem Körper, blonder und schwärzlicher Farbe hingegen müssen die meiste Zeit eine feuchtere Lebensweise beobachten, denn solche Körper sind trocken. Für jugendliche Körper ist es gut, eine mehr auflockernde und feuchtere Lebensweise zu führen, denn die Jugend ist trocken, und die Körper sind fest. Ältere Leute dagegen müssen die meiste Zeit über eine trocknere Lebensweise durchweg befolgen, denn in einem solchen Alter sind die Körper feucht, weich und kalt. Man hat also seine Lebensweise nach der Altersstufe, der Jahreszeit, der Gewohnheit, dem Lande und der Konstitution einzurichten, indem man den bestehenden Hitze- und Frostverhältnissen entgegentritt, denn so wird man am gesündesten bleiben.

Kap. III.

Im Winter muß man schnell gehen, im Sommer langsam, außer wenn man in der Sonnenhitze geht. Auch müßten die Beleibteren schneller gehen, die Schmächtigen hingegen langsamer. Im Sommer muß man aber viel baden, im Winter wenig, doch müßten Leute mit festem Fleische mehr baden als solche mit reichlichem Fleischansatze ...

Kap. IV.

Wohlbeleibte aber und solche, die dünn werden wollen, müssen alle Arbeiten mit nüchternem Magen verrichten und sich ans Essen machen, solange sie noch von der Arbeit atemlos sind, ohne sich erst abzukühlen, zuvor aber sollen sie nicht zu kalten, mit Wasser versetzten Wein trinken; die Zukost sollen sie mit Sesam, süßen Saucen und anderen derartigen Zutaten zubereiten. Fett seien die Gerichte, die sie zu sich nehmen, denn so kann man sich von möglichst wenig Speisen sättigen. Man halte auch nur *eine* Mahlzeit des Tages, bade nicht, schlafe auf hartem Lager und gehe möglichst viel in unbekleidetem Zustande spazieren. Wer hingegen dünn ist und beleibt werden will, der tue sowohl im übrigen das Gegenteil von jenem, was ich angegeben habe, als auch verrichte er niemals nüchtern irgendeine Arbeit.

Kap. IX.

Wer aber verständig ist, muß in der Erwägung, daß die Gesundheit das Wertvollste für den Menschen ist, wohl verstehen, sich in Krankheitsfällen mit Hilfe seiner eigenen Einsicht herauszuhelfen.

ÜBER LUFT, WASSER UND ÖRTLICHKEIT.

Kap. X.

SO entsteht der Regen. Solches Wasser ist begreiflicherweise am besten; man muß es aber abkochen und sterilisieren, andernfalls hat es einen schlechten Geruch...

Kap. XI.

Das aus Schnee und Eis hervorgegangene Wasser ist ohne Ausnahme schlecht. Nachdem es nämlich einmal fest geworden ist, kehrt es nicht wieder zu seinem früheren Zustande zurück...

Kap. XXXII.

... Wo nämlich häufige Veränderungen der Jahreszeiten stattfinden und diese selbst voneinander sehr verschieden sind, da wird man finden, daß auch die äußere Erscheinung, die Gesinnung und die Konstitution die größten Unterschiede aufweisen.

DIE SÄFTE.

Kap. V.

MAN hat den Krankheitszustand zu prüfen von den ersten Anfängen an, nach dem, was ausgeschieden

wird, nach der Beschaffenheit des Harns..., auch alles
übrige hat man zugleich zu betrachten...

Kap. XII.

Was die Krankheiten angeht, so kann man die kongeni-
talen durch Ausfragen erfahren, ebenso die von bestimm-
ten Stellen ausgehenden, denn die Mehrzahl birgt sie in
sich, weshalb es die meisten wissen; andere entspringen
aus der Beschaffenheit des Körpers, der Lebensgewohnheiten, des Krankheitszustandes oder der Jahreszeiten...

Kap. XVII.

Wie man aber aus den Jahreszeiten auf die Krankheiten
schließen kann, so kann man bisweilen auch aus den
Krankheiten über das Wasser, die Winde und über die
Regenlosigkeit etwas voraussagen, wie über Nord- und
Südwinde; denn es gibt für den, der gut und recht ge-
lernt hat, Anhaltspunkte, von denen aus er seine Erwägun-
gen anzustellen hat, wie z. B. gewisse Arten von Lepra
(d. h. Hautleiden) und Schmerzen in den Gliedern, wenn
es Regen geben soll, Jucken hervorrufen und dergleichen.

DIE KRISEN.

Kap. XIV.

DIE akuten Krankheiten entscheiden sich in den
meisten Fällen binnen vierzehn Tagen.

DIE KRITISCHEN TAGE.

Kap. I.

ICH halte es für einen wichtigen Teil der (ärztlichen) Kunst, über das schriftlich Niedergelegte ein richtiges Urteil zu fällen ...

Kap. X.

Die Lungenentzündung bringt folgende Erscheinungen zustande: den Kranken befällt heftiges Fieber, die Atmung ist frequent und sein Atem heiß, Beängstigung und Schwäche kommt über ihn, er wirft sich hin und her, es stellen sich Schmerzen ein um das Schulterblatt herum, am Schlüsselbeine und an der Brustwarze, in der Brust macht sich eine Schwere fühlbar, und es kommt zu Delirien. Zuweilen verläuft die Lungenentzündung auch ohne Schmerzen, bis der Kranke zu husten anfängt, dann ist sie aber langwieriger und schwerer als jene. Anfangs wirft der Kranke weißen und schaumigen Speichel aus, und die Zunge sieht gelb aus, im weiteren Verlaufe der Zeit aber wird sie schwarz. Wird sie zum Beginne schwarz, so tritt die Genesung schneller ein, wird sie hingegen später so, langsamer; schließlich wird seine Zunge rissig, und wenn man den Finger daranhält, bleibt er haften. Für die Genesung von der Krankheit aber gibt die Zunge dieselben Anzeichen, die sie bei der Brustfellentzündung gibt. So geht es dem Kranken wenigstens vierzehn, meistens aber einundzwanzig Tage lang. Während dieser Zeit hustet er stark und entleert zunächst zugleich mit dem Husten viel schaumigen Auswurf, später, am siebenten und achten Tage, wenn das Fieber seinen

Höhepunkt erreicht und die Lungenentzündung zur Verwässerung geführt hat, einen dickeren Auswurf, andernfalls keinen solchen, am neunten und zehnten Tage einen gelblichen und blutigen, vom zwölften bis zum vierzehnten Tage einen reichlichen und eitrigen Auswurf. Bei denen, deren Natur und körperliche Konstitution feucht ist, ist die Krankheit heftig, weniger heftig dagegen bei denen, deren Natur und Krankheitsbeschaffenheit trocken ist.

Kap. XI.

Über die entscheidenden Tage habe ich auch schon früher gesprochen. Die Fieber entscheiden sich am vierten, siebenten, elften, vierzehnten, siebzehnten, einundzwanzigsten Tage, abgesehen davon bei akuten Krankheiten am dreißigsten, dann am vierzigsten, dann am sechzigsten Tage. Wenn das Fieber diese Tageszahlen überdauert, wird der Fiebercharakter bereits chronisch.

DIE WINDE.

Kap. I.

AN alles das nämlich, wo man chirurgische Kunstgriffe anwenden muß, hat man sich zu gewöhnen, denn für die Hände ist die Gewöhnung die beste Schule; über die verborgensten und schwierigsten Krankheiten aber urteilt man mehr mit Hilfe der Vermutung als mit Hilfe der Kunst. In solchen Fällen ist die Erfahrung der Unerfahrenheit am meisten überlegen. Einer dieser Punkte ist der: Was ist die Ursache der Krankheiten, und was wird zum Ausgangspunkte und zur Quelle der körperlichen Übel? Denn wenn man die Ursache der Krankheit kennt, ist man wohl auch imstande, das dem Körper Zuträgliche anzuwenden, indem man die Heilmittel aus dem Gegenteile erkennt. Diese Art der ärztlichen Kunst ist der Natur am meisten entsprechend. Der Hunger ist – um ein Beispiel zu wählen – eine Krankheit, denn alles, was dem Menschen Pein verursacht, wird Krankheit genannt. Was ist nun ein Heilmittel des Hungers? Das, was den Hunger aufhören macht; das ist aber Nahrung, also muß man jenen mit dieser heilen. Andererseits macht das Trinken dem Durste ein Ende, ferner heilt die Anfüllung Entleerung, die Entleerung Anfüllung, die Anstrengung Ruhe, die Ruhe Anstrengung. Mit *einem* Worte gesagt, es ist das Gegenteil das Heilmittel des Gegenteils, denn die ärztliche Kunst ist Hinzufügung und Wegnahme, Wegnahme des Überschusses, Hinzufügung des Mangelnden. Der aber, der das am besten tut, ist der beste Arzt, der dagegen, der sich davon am meisten entfernt, steht auch der Kunst am fernsten ...

DAS BUCH DER PROGNOSEN.

Kap. I.

ES scheint mir am besten zu sein, daß sich der Arzt in dem Voraussehen des Krankheitsausgangs Übung erwirbt; denn wenn er bei seinen Kranken vorhererkennt und vorhersagt den Status praesens, das Vorausgegangene und die Prognose, ferner das, was die Kranken bei dem Berichte über ihren Krankheitszustand weglassen, so wird

man das feste Zutrauen zu ihm haben, daß er den Zustand
der Kranken besser kenne, und es werden sich infolge-
dessen die Leute dem Arzte gern anvertrauen. Aber auch
die Behandlung wird er am besten durchführen können,
wenn er den späteren Ausgang der Krankheiten vorher-
sieht. Denn alle Kranken gesund zu machen, das ist unmöglich, obwohl dies sicherlich besser wäre als das Voraussehen des späteren Ausgangs. Da nun die Menschen
sterben, die einen infolge der Schwere der Krankheit,
noch bevor sie den Arzt gerufen haben, die anderen
gleich nach dem Herbeirufen des Arztes, wieder andere
nur einen Tag länger leben, andere endlich nur wenige
Tage länger als einen Tag am Leben bleiben, ehe noch
der Arzt mit Hilfe seiner Kunst der Krankheit im Einzelfalle entgegentreten konnte, so muß man die Natur dieser
Krankheiten kennen lernen, inwieweit sie nämlich der
Kraft des Körpers überlegen sind, und wirkt etwas Gött-
liches bei den Krankheiten mit, so muß man auch dieses
vorhersehen lernen; denn so würde der Arzt mit Fug
und Recht Bewunderung verdienen und ein tüchtiger
Arzt sein. Auch die, die davonkommen, wird ein solcher
Arzt noch besser recht erhalten können, wenn er auf
Grund einer längeren Zeit für alle Einzelheiten seinen
Rat erteilt, auch wird er, wenn er den tödlichen Ausgang
oder die glückliche Heilung vorhererkennt und vorhersagt, frei von jeder Schuld sein.

Kap. II.

Die Sachlage muß man aber bei akuten Krankheiten auf
folgende Art prüfen. Zunächst muß man das Gesicht des

Kranken betrachten, ob es wie das von gesunden Personen, vorzüglich oder ob es wie gewöhnlich aussieht. In diesem Falle stünde es nämlich am besten; entfernte es sich hingegen in bezug auf sein Aussehen weit davon, so wäre die größte Gefahr vorhanden. Das wäre aber folgendes: eine spitze Nase, hohle Augen, eingefallene Schläfen, kalte und zusammengeschrumpfte Ohren, abstehende Ohrläppchen, eine harte, straffe und trockne Stirnhaut, eine gelbe, schwarze oder bleiche Färbung des ganzen Gesichts. Sieht nun das Gesicht zu Beginn der Krankheit so aus und kann man auch aus den anderen Anzeichen noch keinen Schluß auf das Wesen der Krankheit ziehen, so muß man fragen, ob der Kranke nicht eine schlaflose Nacht gehabt hat, ob sein Stuhlgang sehr feucht war oder ob er nichts gegessen hat. Gibt er eine dieser Ursachen zu, so hat man die Krankheit für weniger gefährlich zu halten; denn die Entscheidung tritt in einem Tage und in einer Nacht ein, wenn das Gesicht aus einer der vorgenannten Veranlassungen so aussieht. Räumt der Kranke hingegen keine dieser Veranlassungen ein und kehrt er in der vorgenannten Zeit nicht zu seinem früheren Zustande zurück, so muß man ihn als einen dem Tode fast schon Verfallenen betrachten. Sieht das Gesicht aber bei einer Krankheit, die älter als drei oder vier Tage ist, so aus, so muß man nach dem, was ich vorhin anempfahl, fragen und die übrigen Anzeichen ins Auge fassen, die sich in dem ganzen Gesichte, am Körper und in den Augen zeigen.

Kap. IV.

Der Arzt muß den Kranken auf der rechten oder linken Seite gelagert antreffen, während er die Hände, den Hals und die Schenkel ein wenig gebogen hält und der ganze Körper bequem ruht; denn so lagern sich auch die meisten Gesunden, und am besten sind die Lagen, die den von den Gesunden bevorzugten gleichen. Auf dem Rücken zu liegen und die Hände, den Hals und die Schenkel auszustrecken, ist weniger gut. Befindet sich der Kranke in geneigter Stellung und rutscht er vom Bette nach der Fußseite zu, so ist es schlimmer. Findet man ihn aber mit unbedeckten Füßen, die nicht besonders warm sind, und mit allzu weit nach der Seite geschleuderten unbedeckten Händen, Hals und Schenkeln, so ist es gefährlich, denn das deutet auf Angstgefühl. Auf den tödlichen Ausgang aber läßt es schließen, wenn der Kranke immer mit offenem Munde schläft, auf dem Rücken liegt und seine Schenkel sehr stark eingebogen und dann gespreizt sind. Liegt der Kranke auf dem Bauche, ohne daß er auch während seines Gesundseins so zu schlafen gewohnt war, so deutet das auf Delirium oder irgendwelche Schmerzen in der Unterleibsgegend. Wollte sich der Kranke aber, solange sich die Krankheit noch auf ihrem Höhepunkte befindet, aufrecht setzen, so ist das bei allen akuten Krankheiten ein schlimmes Zeichen, das schlimmste aber bei Lungenentzündung.

Kap. V.

Wenn der Kranke im Fieber mit den Zähnen knirscht, ohne es von Kindheit an gewöhnt zu sein, so deutet das

auf Bewußtseinsstörungen und den tödlichen Ausgang.
Tut ers gar im Stadium des Deliriums, so ist es ein im
höchsten Grade verderbliches Zeichen.

Kap. VII.

Über die Bewegungen der Hände urteile ich so. Wenn
sie bei akuten Fiebern, Lungenentzündung, Phrenitis
oder Kopfschmerzen vor dem Gesichte hin- und herfahren
oder in der leeren Luft nach etwas greifen, Flocken lesen
oder Fasern aus dem Deckbette zupfen, so halte ich das
alles für gefährlich und verderblich.

Kap. XVII.

Der Kranke muß sich im Bette leicht umdrehen können
und, wenn er sich erhebt, beweglich sein; zeigt er sich
aber im Gebrauche seines Leibes, seiner Hände und Füße
schwerfällig, so ist die Gefahr größer ...

Kap. XIX.

Was das Schlafen angeht, so muß man, wie wir es von
Haus aus gewöhnt sind, am Tage wach sein, in der Nacht
hingegen schlafen. Tritt hierin eine Änderung ein, so
ist das bedenklich. Am wenigsten unzuträglich ist es für
den Kranken, wenn er am frühen Morgen und das erste
Drittel des Tages über schläft; von dieser Zeit ab ist der
Schlaf weniger gut, am schlimmsten aber ist es, gar nicht
zu schlafen, weder in der Nacht noch am Tage, weil die
Schlaflosigkeit entweder von den Schmerzen und Leiden
herrührt oder aber Delirien nach diesem Anzeichen auftreten.

KOISCHE PROGNOSEN.

59

WENN die Kranken unter der Hand (des sie Berührenden) aufschrecken, so ist das schlimm.

209

Die Entstellung des Gesichts ist ein lebensgefährliches Zeichen, in geringerem Grade aber, wenn dies durch Schlaflosigkeit, Hunger oder Verdauungsstörung herbeigeführt worden ist. Es bekommt aber ein aus diesem Grunde entstelltes Gesicht innerhalb eines Tages und einer Nacht sein ursprüngliches Aussehen zurück. Die Entstellung würde folgender Art sein: hohle Augen, eine spitze Nase, eingefallene Schläfen, kalte und zusammengezogene Ohren, eine harte Haut, gelbe oder schwärzliche Färbung. Wenn aber außerdem das Augenlid, die Lippe oder die Nase bleich wird, so tritt der Tod rasch ein.

210

Frische Farbe des Gesichts und ein mürrischer Blick sind bei einer akuten Krankheit etwas Schlimmes...

DIE EPIDEMISCHEN KRANKHEITEN.

Erstes Buch.

Kap. XI.

MAN muß das, was der Krankheit vorausging, angeben, den gegenwärtigen Stand erkennen und die Prognose voraussagen. Das hat man zu üben. In bezug auf die Krankheiten hat man sich auf zweierlei einzuüben:

zu nützen oder (wenigstens) nicht zu schaden. Die Kunst setzt sich aus dreierlei zusammen: der Krankheit, dem Kranken und dem Arzte; der Arzt ist der Diener der Kunst; der Krankheit hat der Kranke im Verein mit dem Arzte Widerstand zu leisten.

Drittes Buch.
Kap. XVI.

Ich halte es für einen wichtigen Teil der (ärztlichen) Kunst, über das schriftlich Niedergelegte ein richtiges Urteil fällen zu können; denn wer das versteht und anwendet, scheint mir in bezug auf die Kunst keinem bedeutenden Irrtum verfallen zu können ...

Sechstes Buch.
2, Kap. III.

Die Atmung (kann sein) klein, frequent; groß, rar; klein, rar; frequent, groß; großes Ausatmen, kleines Einatmen; großes Einatmen, kleines Ausatmen; langgezogene Atmung, beschleunigte Atmung; doppeltes Atemholen wie bei denen, die noch einmal nachatmen; warmer Atem; kalter Atem.

Kap. IV.

Ein Mittel für anhaltendes Gähnen ist ausgiebiges Atemholen, wenn man aber entweder gar nicht oder nur mit Mühe trinken kann, wenig Atem holen.

Kap. XII.

Nichts zwecklos, nichts übersehen! – Das Entgegengesetzte bringe man in allmählicher Steigerung zur Anwendung und unterbreche dabei.

4, Kap. VII.

Liebenswürdigkeit den Kranken gegenüber, beispielsweise
die Getränke und die Gerichte sauber zubereiten, was er
sieht, zart bereiten, womit er in Berührung kommt, desgleichen anderes mehr. Was keinen großen Schaden an-
richtet oder das, dessen Wirkung leicht wieder aufzuheben
ist, z. B. frisches Wasser, wo solches nötig ist. Die Krankenbesuche, die Unterredung, die äußere Haltung, die
Kleidung (für den Kranken), die Haarschur, die Finger-
nägel, die Parfums.

Kap. XVIII.

... Bemühung, die Gesundheit zu erhalten: Nicht bis zur
Sättigung essen, sich vor Anstrengung nicht scheuen! ...

Kap. XXIII.

Körperliche Anstrengungen sollen der Nahrungsauf-
nahme vorangehen.

5, Kap. XIII.

Bei langwierigen Krankheiten ist es gut, den Ort zu ver-
ändern.

8, Kap. IV.

Nierenleiden sah ich bei Leuten über fünfzig Jahren nicht
heilen.

Kap. XVII.

Man muß den ganzen Körper für die Untersuchung in
Anspruch nehmen: das Gesicht, das Gehör, die Nase,
das Gefühl, die Zunge; der Verstand aber begreift das.

Siebentes Buch

Kap. LVI.

Wenn bei denen, bei welchen ein mit Hitze verbundener heftiger Schmerz im Kopfe vorhanden ist, dieser Schmerz nur in der *einen* Kopfhälfte seinen Sitz hat [„Migräne"]… so erfreuen sie sich einer verhältnismäßig großen Sicherheit…

Kap. LXIV.

… Kopfschmerzen, welche vom Uterus herkommen, hebt Bibergeil…

DIE LEIDEN.

Kap. XIII.

VON den Krankheiten verlaufen die akuten wohl in den allermeisten Fällen tödlich, sie sind mit den meisten Schmerzen verbunden, und es bedarf ihnen gegenüber der größten Vorsicht und der sorgsamsten Pflege. Auch darf von dem Behandelnden durchaus kein Übel hinzugefügt werden, sondern es soll bei den durch die Krankheiten selbst bewirkten Gefahren bewenden, im Gegenteil, es soll so viel Gutes als möglich von seiner Seite hinzugetan werden. Wenn der Kranke trotz richtiger Behandlung durch den Arzt von der Größe der Krankheit überwältigt wird, so ist das keineswegs ein Fehler des Arztes; wird der Kranke hingegen, weil der Arzt ihn unrichtig behandelt oder das Leiden nicht erkennt, von der Krankheit überwältigt, so ist der Arzt schuld.

Kap. XL.

Als Krankensuppen aber gebe man bei allen Krankheiten Getreideschleimsaft, Hirse, Mehl oder Graupen. Hiervon gebe man alles, was man zum Zwecke des Abführens gibt, in dünnem, mehr durchgekochtem, mehr süßem als salzigem und in warmem Zustande, hingegen alles, was man zum Zwecke der Kräftigung und der Rekonvaleszenz gibt, in dickerem, fetterem und mäßig gekochtem Zustande...

Kap. XLV.

Man hat zu erlernen, was für Arzneimittel als Trank und welche bei Wunden verordnet werden; denn das ist überaus wertvoll. Die Menschen finden nämlich diese Mittel nicht auf Grund einer Überlegung, sondern eher durch Zufall, und die Finder sind seltener die das Handwerk ausübenden Künstler als vielmehr die Laien. Diejenigen Kenntnisse von den Speisen oder den Arzneimitteln hingegen, die in der ärztlichen Kunst durch Überlegung gewonnen werden, muß man von den Männern lernen, die befähigt sind, die der Kunst angehörigen Tatsachen auseinanderzuhalten, wofern man überhaupt etwas (Rechtes) lernen will.

Kap. LII.

Aus reinem (d. i. hülsenfreiem) Getreidemehle bereitetes Brot ist zur Kräftigung und Rekonvaleszenz geeigneter als aus nicht hülsenfreiem Mehle bereitetes Brot, frisches als altbackenes, aus frischem Mehle bereitetes als aus älterem Mehle gebackenes. Graupen von Gerste, die nicht eingeweicht, sondern nur ringsum begossen und dann enthülst worden ist, sind kräftiger als Graupen von eingeweichter Gerste, frische Graupen als ältere; ebenso ist vorher angerührte Polenta kräftiger als nicht vorher angerührte. Umgefüllter, gekühlter und durchgeseihter Wein wird leichter und schwächer. Gekochtes Fleisch wird, wenn man es gut durchkochen läßt, schwächer und leichter, gebratenes dagegen, wenn man es gut durchbraten läßt, ebenso wie in Essig oder Salz eingelegtes altes Fleisch schwächer und leichter als frisches. Die schwachen und leichten Speisen belästigen weder den Magen noch den Körper, weil sie durch die Wärme nicht aufschwellen, auch nicht füllen, vielmehr schnell verdaut und nach der Verdauung ausgeschieden werden. Der von ihnen dem Körper gelieferte Saft aber ist schwach und bewirkt weder eine nennenswerte Zunahme noch eine nennenswerte Kräftigung. Die kräftigen Speisen hingegen schwellen einerseits an, sobald sie in den Magen gelangt sind, andererseits verursachen sie das Gefühl des Vollseins, werden langsamer verdaut und gehen langsamer ab. Der von ihnen gelieferte Saft aber, der kräftig und unvermischt (d. i. rein) ist, bewirkt am Körper eine starke Kräftigung und eine starke Zunahme. Von Fleisch ist für den Körper am leichtesten gut durchgekochtes Hundefleisch, Geflügel und Hasenfleisch, schwer Rind- und Schweinefleisch, am meisten der Natur angemessen in gekochtem wie in gebratenem Zustande und für Gesunde wie für Kranke ist Schaffleisch; Schweinefleisch ist zur Erzielung von Körperfülle und zur Stärkung für körperlich Angestrengte wie für Turner gut, für Kranke

aber und den gewöhnlichen Mann etwas zu kräftig.
Wildbret ist leichter als das Fleisch von Haustieren, weil
sich das Wild nicht von den gleichen Früchten nährt.
Einen Unterschied weist aber das Fleisch von fruchtfressenden und nicht fruchtfressenden Tieren auf, auch
hat die Frucht nicht bei allen Tieren dieselbe Wirkung,
sondern die eine Art Frucht macht das Fleisch des
Schlachttieres derb und kräftig, die andere locker, feucht
und kraftlos. – Um es allgemein zu sagen, sind gekochte
wie gebratene Fische, sowohl für sich, als auch als Zukost zu anderen Speisen genossen, eine leichtverdauliche
Nahrung. Der Unterschied der Fischgattungen selbst besteht aber in folgendem: die in Teichen lebenden Fische,
die fetteren Fische und die Flußfische sind schwerer, die
Küstenfische (und) Meerfische leichter; die gekochten
Fische sind leichter als die gebratenen. Hiervon gebe
man aber die kräftigen, wenn man einen auf den Weg
der Besserung bringen will, die leichten hingegen, wenn
es gilt, einen Kranken dünn und mager zu machen.

DIE INNEREN KRANKHEITEN.
Kap. XXXIX.
Eine Krankheit, welche „Typhos" genannt wird.

WENN [ihn] heftiger Durst quält, gebe man ihm viel
Wasser auf einmal zu trinken und heiße ihn er-
brechen. Dieses mache man zwei- bis dreimal nachein-
ander, und wenn er Hitze hat, tauche man Wäschestücke
in kaltes Wasser und mache damit einen Umschlag an der
Stelle, wo er nach seiner Aussage die meiste Hitze hat...

DIE HEILIGE KRANKHEIT.

Kap. XVII.

DIE Menschen müssen aber wissen, daß nirgends als daher die Freude, die Fröhlichkeit, das Lachen und Scherzen kommt, wo auch der Kummer, die Betrübnis, der Mißmut und das Weinen herrührt. Dank dieses Teiles besonders sind wir auch verständig, begreifen, sehen, hören und unterscheiden wir das Häßliche und das Schöne, das Böse und das Gute, das Angenehme und das Unangenehme, indem wir sie teils dem Herkommen gemäß unterscheiden, teils an ihrer Nützlichkeit erkennen; damit unterscheiden wir auch den Zeitumständen nach die Annehmlichkeiten und Unannehmlichkeiten, und deshalb gefällt uns nicht dasselbe. Mit Hilfe ebendesselben aber bekommen wir auch Wutanfälle und Delirien, treten vor unseren Augen Schreckbilder auf und stellt sich Furcht ein, bald während der Nacht, bald wieder am Tage, nicht minder Traumbilder, störende Irrtümer, unbegründete Sorgen, Unkenntnis des gegenwärtigen Zustandes, Ungewohntes und Unerfahrenheit. Alles dieses widerfährt uns durch das Gehirn, wenn dieses nicht gesund, sondern entweder wärmer oder kälter ist als im natürlichen Zustande oder aber feuchter oder trockener oder endlich in irgendeinen anderen widernatürlichen Zustand geraten ist, den es nicht gewohnt war...

DIE DIÄT BEI AKUTEN KRANKHEITEN.

Kap. XXXVIII.

DENN eine vollständige Entziehung der Speisen ist da vielfach von Nutzen, wo der Kranke so lange Zeit aushalten kann, bis die Krankheit von ihrem Höhepunkte in den Zustand der Reife getreten ist.

Kap. XLV.

... Wenn der ganze Körper einerseits entgegen seiner Gewohnheit lange Zeit ausgeruht hat, so verfügt er nicht sogleich über größere Kräfte, und wenn er andererseits, nachdem er während längerer Zeit der Ruhe gepflegt hat, plötzlich zu Anstrengungen übergeht, so wird er offenbar etwas Schädliches tun ...

Kap. LXV.

Der Gebrauch von Bädern aber wird vielen Kranken helfen, gleichviel, ob sie sie dauernd oder nicht dauernd benutzen. Unter Umständen muß der Gebrauch von Bädern eingeschränkt werden, weil es den Leuten an den Vorrichtungen dazu fehlt; denn nur in wenigen Häusern ist für die nötigen Geräte gesorgt und stehen die nötigen Bediensteten zur Verfügung. Wenn man nicht in jeder Beziehung richtig badet, wird man nicht geringen Schaden davon haben, bedarf es doch eines rauchfreien geschützten Raumes, reichlicher Wassermengen und vielfacher, nicht allzu starker Übergießungen mit Badewasser, ausgenommen die Fälle, in denen dieses notwendig ist. Es ist besser, sich nicht mit irgendeinem Mittel abreiben zu lassen, wenn man sich aber abreiben läßt, so benutze man ein warmes Abreibemittel und dieses viel ausgiebiger, als es (bei Gesunden) der Fall zu sein pflegt. Weiter lasse man sich auch nicht mit nur wenig Wasser begießen und lasse die Güsse rasch aufeinander folgen. Der Weg zur Badewanne aber muß kurz sein, damit man bequem hin- ein- und wieder herauskommen kann; ferner verhalte sich der Badende ruhig, schweige still und lege nicht persönlich Hand an, sondern lasse durch dritte Personen die Güsse und ebenso das Abreiben vornehmen. Es stehe auch viel lauwarmes Wasser zur Verfügung, und das Übergießen gehe rasch vor sich. An Stelle des Striegels bediene man sich der Schwämme und salbe den Körper, ehe er gar zu trocken geworden ist. Der Kopf dagegen muß möglichst trocken gemacht werden, indem er mit einem Schwamme abgerieben wird. Man erkälte sich weder die Gliedmaßen noch den Kopf, noch sonst den Körper, auch gehe man weder sogleich nach dem Ge- nusse von Schlürftränken oder Tränken ins Bad, noch nehme man kurz nach dem Bade Schlürftränke oder Ge- tränke zu sich.

AUS DER WERKSTATT DES ARZTES.

Kap. I.

MAN lerne... was zu sehen, zu fühlen und zu hören ist. Was durch das Gesicht, das Gefühl, das Gehör, die Nase, die Zunge und den Verstand wahrgenommen werden kann; was mit allen den (Mitteln), mit denen wir erkennen können, erkennbar ist.

Kap. II.

Was die Handfertigkeit in der ärztlichen Werkstätte betrifft. Der Kranke, der Operierende, die Gehilfen; die Instrumente; das Licht; wo und wie (sie aufzustellen sind); was (vorzubereiten ist), welcher Dinge (man sich zu bedienen hat), wie und wann; der Körper (des Kranken), die Instrumente; die Zeit (des Ereignisses), die Art und Weise, die (kranke) Stelle.

Kap. XX.

(Man wisse), daß der Gebrauch (der Glieder) sie kräftigt, die Untätigkeit aber sie atrophisch macht.

DIE EINRICHTUNG DER GELENKE.
Kap. LXXVIII.

DEN höchsten Wert aber muß man in der ganzen Kunst darauf legen, daß man den Kranken gesund macht. Kann man ihn auf viele Arten gesund machen, so muß man die am wenigsten umständliche wählen. Denn nichts ist für einen Mann ehrenwerter, nichts der Kunst mehr entsprechend, als wenn er nicht darauf ausgeht, der großen Menge etwas vorzumachen ...

DIE KRANKHEITEN DER JUNGFRAUEN.
Kap. I.

ICH für mein Teil gebe den Jungfrauen, wenn sie an derartigen (hysterischen) Zuständen leiden, den Rat, so rasch wie möglich mit einem Manne eine eheliche Verbindung einzugehen; denn wenn sie schwanger werden, genesen sie, wenn das nicht geschieht, so wird die Betreffende entweder gleichzeitig mit der Geschlechtsreife oder kurze Zeit darauf von diesem Leiden heimgesucht werden, sie würde dann eine andere Krankheit (bekommen). Von den verheirateten Frauen aber leiden die unfruchtbaren mehr an diesen Zuständen.

INHALTSVERZEICHNIS.

GUSTAV SCHWAB: DIE SCHÖNSTEN SAGEN
DES KLASSISCHEN ALTERTUMS. Vollständige
Ausgabe in zwei Bänden, besorgt von Ernst Beutler.
a) Nicht illustrierte Ausgabe in zwei Bänden. In Leinen
M. 8.—. b) Illustrierte Ausgabe in drei Bänden (mit Flax-
mans Zeichnungen). In Leinen M. 12.—.

„Schwabs Sagen sind uns lieb und traut, ein Buch voll Tiefsinn
und Schönheit, grausiger Fürstenkämpfe und seltsamer Lügen-
geschichten; der Kopf ward uns heiß, wie wir als Knaben darin
lasen, mit den Kindheitserinnerungen unserer Väter ist es eng
verbunden, und so wird es weiter wirken wie „Tausend und Eine
Nacht" oder der „Robinson" oder ein anderes jener Bücher, die
nie altern, ewig frisch und ewig jung, wie die Sage, die in ihm
lebt."

JOHN FLAXMAN: ZEICHNUNGEN ZU SAGEN
DES KLASSISCHEN ALTERTUMS. Eingeleitet von
E. Beutler. Titel- und Einbandzeichnung von F. H.
Ehmcke. In Leinen M. 5.—.

Deutsche Revue: „Die klassizistische Kunst des schottischen
Bildhauers John Flaxman, eines Zeitgenossen Goethes, der, von
Winckelmanns Ideen tief beeinflußt, im Geist und Stil der antiken
Vasenmalerei mehrere Zyklen schlichtlinearer Kompositionen nach
Hesiods, Homers und Äschylos' Dichtungen schuf und in England
noch heute als einer der Großen seiner Kunst gilt, ist in Deutschland, obwohl er auch hier seinerzeit hochgeschätzt wurde, Goethes
lebhaftes Interesse erweckte und einen nicht unbedeutenden Einfluß auf die deutsche Kunst ausgeübt hat, heute fast nur noch durch
eine Reihe sehr freier Nachzeichnungen von Riepenhausen und
Schnorr bekannt. Der Insel-Verlag hat sich daher ein anerkennens-
wertes Verdienst erworben, indem er Flaxmans Bilderfolgen voll-
ständig und in ihrer originalen Gestalt in dem vorliegenden Band
vereinigt herausgab, der sehr passend als Ergänzungsband zu der
schönen Neuausgabe von Schwabs Sagen des klassischen Altertums
erschienen ist."